Bibliografische Information der Deutschen Nationalbibliothek:

Die Deutsche Bibliothek verzeichnet diese Publikation in der Deutschen National-bibliografie; detaillierte bibliografische Daten sind im Internet über http://dnb.d-nb.de/ abrufbar.

Impressum:

Copyright © 2008 GRIN Verlag, Open Publishing GmbH
Druck und Bindung: Books on Demand GmbH, Norderstedt Germany
ISBN: 978-3-668-14251-0

Dieses Buch bei GRIN:

http://www.grin.com/de/e-book/114073/nukleinsaeuren-konzentration-einer-dna-rna-und-proteinstockloesung

Arlie Zegarra Pumapillo

Nukleinsäuren, Konzentration einer DNA-, RNA- und Proteinstocklösung. Ein Praktikumsprotokoll

GRIN Verlag

Ruprecht-Karls-Universität Heidelberg

Hauptpraktikum E1: Nukleinsäuren

Praktikumsprotokoll

Praktikumsdauer: 07.01.08 – 26.01.08

Protokollant: Arlie Zegarra Pumapillo, Biologie B.Sc.

Inhaltsverzeichnis

Konzentrationsbestimmung von DNA-, RNA- und Proteinlösungen — **Seite 3**

Versuchsabsicht — Seite 3

Materialien und Methoden — Seite 3

Ergebnisse & Fragen — Seite 3

Diskussion — Seite 3

Plasmididentifizierung: Grundlegende molekularbiologische Methoden — **Seite 4**

Versuchsabsicht — Seite 4

Materialien und Methoden — Seite 4

Ergebnisse — Seite 8

Diskussion & Fragen — Seite 10

Klonierung von GFP in E. coli — **Seite 11**

Versuchsabsicht — Seite 11

Materialien und Methoden — Seite 11

Ergebnisse — Seite 16

Diskussion & Fragen — Seite 16

Retrovirale Transduktion von CHO-Zellen — **Seite 17**

Versuchsabsicht — Seite 17

Materialien und Methoden — Seite 17

Ergebnisse — Seite 19

Diskussion & Fragen — Seite 22

cDNA-Produktion aus mRNA von HeLa-Zellen und Klonierung in E.coli — **Seite 22**

Versuchsabsicht — Seite 22

Materialien und Methoden — Seite 22

Ergebnisse — Seite 25

Diskussion & Fragen — Seite 26

RNA-Interference mittels siRNA in HeLa-Zellen — **Seite 26**

Versuchsabsicht — Seite 26

Materialien und Methoden — Seite 26

Ergebnisse — Seite 28

Diskussion & Fragen — Seite 28

Anhang — **Seite 28**

<u>Konzentrationsbestimmung von DNA-, RNA- und Proteinlösungen</u> (7. Januar)

Versuchsabsicht

Ziel des Versuches ist es, die Konzentration einer DNA-, RNA- und Proteinstocklösung durch Photometrie zu bestimmen. Außerdem soll noch die Reinheit ausgerechnet werden.

Materialien und Methoden

Es wurden 3 Verdünnungen (1:10, 1:100 und 1:1000) von jeder der drei Stocklösungen vorbereitet, indem 100µl der Probe und 900µl aq. dest. angesetzt wurde. Der OD-Wert der Verdünnungen wurde in für UV-Licht durchlässige Küvetten am Photometer bei 260nm und 280nm gemessen. Aus den OD-Werten bei 260nm wurde die Konzentration von DNA und RNA, bei 280nm die Proteinkonzentration berechnet. Als Nullwert diente Wasser.

Ergebnisse

		1:10	1:100	1:1000
DNA	OD_{260}	>3,000	0,535	0,066
	OD_{280}	2,026	0,369	0,078
RNA	OD_{260}	>3,000	0,379	0,049
	OD_{280}	1,800	0,243	0,062
Protein	OD_{260}	2,840	0,307	0,037
	OD_{280}	>3,000	0,531	0,098

Tab.1: OD-Werte aus der photometrischen Messung.

Äquivalenzen:

DNA: OD260nm = 1 entspricht einer DNA Konzentration von 50 µg/ml
RNA: OD260nm = 1 entspricht einer RNA Konzentration von 42 µg/ml
Protein: OD280nm = 1 entspricht einer Protein Konzentration von 1,6 mg/ml

Mit den OD-Werten aus der 1:100 Verdünnung und die o.g. Äquivalenzen ergibt sich die Konzentration der Stocklösungen folgendermaßen:

[DNA] = $0{,}535 \cdot 100 \cdot 50$ µg/ml = 2675 µg/ml = 2,675 mg/ml
[RNA] = 1,592 mg/ml
[Protein] = 83,76 mg/ml

Die Reinheit von DNA und RNA ist wie folgt definiert:
reine DNA: OD 260/280 = 1.8 (100% rein)
reine RNA: OD 260/280 = 2.0 (100% rein)

Aus den erhaltenen OD-Werten bei der 1:100 Verdünnung folgt:
DNA: OD260/280= 1,45   Entspricht eine Reinheit von 80,5%
RNA: OD260/280= 1,56 Entspricht eine Reinheit von 78,0%

Diskussion & Fragen (werden auch im Text geantwortet)

Die DNA- und RNA-Stocklösungen sind nicht komplett rein. Proteinverunreinigungen beeinflussen die Absorption von UV-Licht von DNA und RNA im Photometer. Dies kann man besser verstehen, indem man die Absorptionsspektren von DNA, RNA und Protein in einer Grafik zeichnet. Die Absorptionskurve von Protein erhöht den Absorptionswert bei dem Absorptionsbereich, wo DNA und RNA ihr Maximum haben.

Die erhaltene Konzentration von DNA und RNA stimmt sehr nah mit den Ergebnissen anderer Gruppen überein (2,5mg/ml-2,6mg/ml). Die Äquivalenz für die Berechnung der Proteinkonzentration (1,6 mg/ml für BSA bei OD_{280nm}) kann nicht für alle Proteine verwendet werden. Proteine haben unterschiedliche Absorptionsvermögen: Proteine mit hohem Anteil an Tryptophan und Tyrosin absorbieren stärker im Vergleich zu anderen mit weniger oder gar keine Anwesenheit dieser Aminosäuren.

Plasmididentifizierung: Grundlegende molekularbiologische Methoden (8.-10.Januar)

Versuchsabsicht

In diesem Versuch wurde ein unbekanntes Plasmid identifiziert und die Identität eines anderen überprüft, die in den nächsten Versuchen verwendet wurden. Dafür dienten grundlegende molekularbiologische Methoden wie Restriktionsreaktionen mittels Endonukleasen, Agarosegelelektrophorese (AGE), Ansetzen von Bakterienkulturen und Herstellen von Midi-Preps (Mini- und Maxi-Preps basieren auf ähnliche Verfahren).

Materialien und Methoden

Es wurde 2 unbekannten Plasmide identifiziert. Für das erste Plasmid wurde eine Restriktionsreaktion mit zugehöriger Gelanalyse angesetzt. Hier wurden auch genomische Lachs-DNA und Phagen-DNA analysiert.

1.Plasmid - Restriktionsreaktion

Probe	DNA [µl]	aq. dest. [µl]	10x Restriktionspuffer [µl; (Puffernummer)]	Enzym [µl; units]	Endvolumen [µl]
λ DNA *[5 µg]* *Hind III*	20	24,75	5; (2)	0,25; 25 U	50
Plasmid *[0,8 µg]* *Pst I*	16	1,8	2; (3)	0,2; 4 U	20
Plasmid *[0,8 µg]* *Nco I*	16	1,6	2; (4)	0,4; 4 U	20
genomische DNA *[4 µg] Hind III*	1,6	7,2	1; (2)	0,2; 20 U	10
genomische DNA *[4 µg] Sau 3A*	1,6	6,4	1; (4)	1; 20 U	10

Tab. 2: Restriktionsanalyse von genomischer, Phagen- und Plasmid-DNA. In kursiver Schrift die Restriktionsenzyme; in kursiven, eckigen Klammern die (zu verdauende) DNA-Menge. Die ausgewählte Puffernummer entspricht dem für das Restriktionsenzym geeigneten Puffer. Reihenfolge beim Pipettieren: 1. aq. dest., 2. DNA, 3. 10x Restriktionspuffer und 4. Enzym.

Allg. Anmerkungen (werden in den nächsten Versuchen nicht mehr erwähnt!)

Bei dieser Restriktionsreaktion und andere Methoden, wo auch DNA-modifizierende Enzyme angesetzt wurden, ist zu beachten, dass sie 50% Glycerin enthalten und bei -20°C aufbewahrt werden müssen. Beim Ansetzen der

Enzymlösung muss diese eine Glycerinkonzentration von max. 5% besitzen, für eine ausreichende Enzymaktivität. Die Enzymlösung muss daher 10mal im Endvolumen des Reaktionsansatzes verdünnt sein (z.B. 1µl Enzymlösung in 10µl Endvolumen).

Für Berechnung der zum ansetzenden Volumen von Enzymlösung wurde berücksichtigt, dass eine Unit (U) ein 1µg Substrat (hier DNA) umsetzt. Um eine vollständige Restriktion zu sichern, wird das Enzym in 5-fachem Überschuss appliziert.

Angesetzte DNA-Volumina ergeben sich aus den unterschiedlichen DNA-Konzentrationen: z. B. mit einer genomischen DNA-Konzentration von 0,25 µg/µl braucht man 20µl für einen gewünschten Verdau von 5µg genomischer DNA. Dem gewählten Volumen für 10x Restriktionspuffer entspricht ein 1/10 des Endvolumens (daher 10x).

Tab. 3: Liste der verwendeten Restriktionsenzyme:

Enzym	NcoI	PstI	HindIII	Sau3A	EcoRI	BamHI
Aktivitätsvol.[U/µl]	10	20	100	10	20	20
Geeigneter Puffer (Puffernummer)	4	3	2	4	4, 3, 2	2

AGE-Analyse

Dann folgte eine Agarosegelelektrophorese (AGE) der Restriktionsreaktionen und ihrer unverdauten Varianten. Pipettierschema:

Nr.	Probe	Aq. dest. [µl]	5x Probenpuffer [µl]	Restriktion / DNA [µl]	Endvolumen [µl]
1	*100 ng* λ DNA, *unverdaut*	9,6	2,5	0,4	12,5
2	*250 ng* λ DNA, *Hind III*	7,5	2,5	2,5	12,5
3	*0,8 µg* Plasmid, *Pst I*	0	5	20	25
4	*0,8 µg* Plasmid, *Nco I*	0	5	20	25
5	0,5 µg Plasmid, *unverdaut*	10	5	10	25
6	*4 µg* genomische DNA, *Hind III*	0	2,5	10	12,5
7	*4 µg* genomische DNA, Sau 3A	0	2,5	10	12,5
8	*1 µg* genomische DNA, *uverdaut*	9,6	2,5	0,4	12,5
9	1kb DNA-Leiter (25 ng/µl)	0	0	10	10

Tab.4: Pipettierschema der AGE-Analyse. Reihenfolge beim Pipettieren: 1. aq. dest., 2. DNA, 3. 10x Restriktionspuffer und 4. Enzym. In kursiver Schrift die Restriktionsenzyme, mit der die Probe verdaut wurde.

<u>Allg. Anmerkungen (werden in den nächsten Versuchen nicht mehr erwähnt!)</u>

Die mit Hind III verdaute λ-Phage-DNA (dient als Marker auch) wurde vor Auftragen auf das Gel 5' bei 65°C inkubiert, dann auf Eis gestellt. Elektrophorese erfolgte bei 140 V für ca. 45 min. AGE-Dokumentationen erfolgte durch Ausdrucken eines Gelfotos unter UV-Licht. Der Rest von mit Hind III verdautem λ-DNA wurde für nächste Experimente bei -20°C gelagert.

Die Konzentrationen der verdauten DNA stammen aus den Endvolumina der Restriktionsreaktionen (z. B. 0,1 µg/µl für verdaute λDNA mit Hind III). Als Marker diente der 1kb DNA-Leiter.

2.Plasmid

Aus Bakterienkulturen mit dem 2.Plasmid (pGEX-2T) wurden Midi-Preps hergestellt, um die Identität des Plasmids zu identifizieren. Aus den Midi-Preps wurde die DNA-Konzentration photometrisch bestimmt, und anschließend eine Restriktionsanalyse mit AGE-Analyse durchgeführt, um den Plasmid zu identifizieren. Plasmididentifizierung bei beiden Versuchen erfolgte mithilfe einer Plasmidkarte.

Ansetzen von Bakterienkulturen

Für das 2. Plasmid wurden flüssige Bakterienkulturen mit E.coli Bakterien, die das 2. Plasmid enthalten, angesetzt. Zu einem 250ml Erlenmeyerkolben mit 100ml LB-Medium wurde Ampicillin mit einer Endkonzentration von 100µg/ml zugegeben (0,1ml aus der Stocklösung mit 100mg/ml). Ca. 200µl Bakterien wurden zugegeben und der Erlenmeyerkolben in den Kolbenschüttler bei 37°C nachtsüber gestellt.

Midi-Prep und photometrische Bestimmung der DNA-Menge

Herstellen von Midi-Preps erfolgte nach dem Qiagen-Protokoll für das Qiagen Plasmid Midi Kit (Originaltext im Protokoll), bis auf einige Abweichungen wie im Schritt Nr.11. Prinzipiell sind die Schritte bei der Plasmidisolierung: Lyse der Bakterien mit NaOH/SDS und dabei die Denaturierung der DNA; Neutralisation und dabei die Renaturierung der Plasmid-DNA (topologisch bleiben beide Stränge zusammen). Genomische DNA und ausgefällte Proteine bleiben in Klumpen und werden durch Zentrifugation getrennt. Im Überstand bleibt die Plasmid-DNA, die in den letzten Schritten mit einer QIAGEN-tip Säule weiter gereinigt wird, bis man möglichst reines Plasmid-DNA aus der Säule eluiert und nach Austrocknen ein Pellet als Produkt erhält:

1)Es wurde 50ml der Übernachtkultur für den Midi-Prep verwendet und der Rest bei 4°C gestellt. Die Bakterien wurden in einem Falcongefäß durch Zentrifugieren mit 6000rpm für 15min bei 4°C geerntet.
2)Das Pellet wurde dann in 4ml P1-Puffer (Resuspensionspuffer, enthält RNase A) durch Ein- und Absaugen mit der Pipette sorgfältig resuspendiert.
3)Es wurde 4ml P2-Puffer (für die alkalische Zelllyse, Lysepuffer) zugegeben und durch Umkehren des Falcongefäßes (4 bis 6mal) gemischt, was eine blaue Färbung der Suspension aufgrund des LyseBlue Reagens ergab. Anschließend wurde für 5' bei Raumtemperatur inkubiert.
4)4ml von eisgekühltem P3-Puffer (Neutralisationspuffer) wurde dann addiert, durch Umkehren des Falcongefäßes (4 bis 6mal) gemischt (4-6 Male), und in Eis für 15min inkubiert.
5)Nun wurde die Suspension mit 14000rpm für 30min bei 4°C zentrifugiert. Der Überstand mit Plasmid-DNA wurde entnommen.

6)Der Überstand wurde wieder bei 14000 rpm und 4°C für 15min zentrifugiert und der Überstand wieder entnommen. Aus diesem Überstand wurde 240µl Probe (1. Probe) abgenommen, um später in Gel analysiert zu werden (Untersuchung der Effizienz der Zelllyse in den o.g. Schritten).

7)Nun wurde eine QIAGEN-tip 100 Säule äquilibriert, indem 4ml QBT-Puffer durch die Säule nach der Gewichtskraft durchlief.

8)Der Überstand aus Schritt 6) wurde jetzt auf die Säule aufgetragen. 240µl des durchgelaufenen Überstands (2. Probe) wurde für spätere Gelanalyse entnommen (Untersuchung der Bindungseffizienz von Plasmid-DNA im Harz der Säule).

9)Die QIAGEN-tip Säule wurde 2mal mit 10ml QC-Puffer (Waschpuffer) gewaschen. Nach Durchlaufen wurde hiervon 400µl (3. Probe) für Gelanalyse abgenommen (Untersuchung der ausgewaschenen Kontaminationspartikel).

10)Jetzt wurde die DNA, die in der Säulenmembran enthalten ist, mit 5ml QF-Puffer (Elutionspuffer) eluiert. Von dem Eluat wurde 100µl (4. Probe) für spätere Gelanalyse entnommen.

11)Dem Eluat mit DNA wurde nun 3,5ml RT-Isopropanol (RT=Raumtemperatur) zugegeben und das gesamte Volumen in mehreren Eppendorfgefäßen (6) aufgeteilt. Die Eppi's wurden gemischt und mit 14000rpm für 30min bei 4°C zentrifugiert. DNA fiel aus.

12)Die Überstände wurden dekantiert. Das DNA-Pellet in den Eppi's wurde mit 2ml 70%iges RT-Ethanol (für alle Eppi's) gewaschen, und bei 14000rpm für 15min zentrifugiert. Überstände wurden sorgfältig dekantiert.

13)Das DNA-Pellet in den Eppi's wurden für 5 Minuten mit Luft getrocknet, und dann in 400µl TE-Puffer aufgelöst (6 Eppi's mit jeweils 66,6µl).Am Schluss wurde das gesamte Volumen in einem neuen Eppendorfgefäß gesammelt.

Die Menge und die Reinheit der erhaltenen DNA-Lösung wurden dann photometrisch bei 260nm und 280nm bestimmt, indem man 40µl der DNA-Lösung mit 760µl aq. dest. in einer Küvette angesetzt wurde. Nullwert wurde mit sterilem Wasser festgelegt.

Restriktionsreaktion von Midi-Prep

Zur Überprüfung der Identität des Plasmids pGEX-2T wurden 3 Verdaus (Nco I, Pst I und Bam HI) und einem Doppelverdau des Plasmids (Pst I + EcoRI) angesetzt:

Probe	DNA [µl]	Aq. Dest. [µl]	10x Restriktionspuffer [µl; (Puffernr.)]	Enzym [µl; units]	Endvolumen [µl]
Plasmid *[1 µg]* Nco I	28,6	2,4	2; (4)	2; 5 U	35
Plasmid *[1 µg]* Pst I	28,6	2,65	2; (3)	2; 5 U	35
Plasmid *[1 µg]* Bam HI	28,6	2,65	2; (2)	2; 5 U	35
Plasmid *[1 µg]* Pst I + Eco RI	28,6	2,4	2; (3)	2; 5 U	35

Tab.5: Restriktionsreaktion aus dem Midi-prep. Reihenfolge beim Pipettieren: 1. aq. dest., 2. DNA, 3. 10x Restriktionspuffer und 4. Enzym. Konzentration des Plasmids pGEX-2T: 35ng/µl (Ergebnis aus der photometrischen Messung des Midi-Preps)

AGE-Analyse

Die Verdaus wurden dann im Agarosegel analysiert. Die 4 gesammelten Proben (zur Untersuchung der Effizienz bei der Plasmidisolierung nach Qiagen) aus dem Protokoll für die Midi-Preps wurden auch analysiert. Außerdem wurde der mit Hind III verdautem λPhagen-DNA nochmals analysiert, um die Banden besser zu erkennen (in der ersten AGE nicht richtig gelungen):

Nr.	Probe	Aq. Dest. [µl]	5x Probenpuffer [µl]	Restriktion / DNA [µl]	Endvolumen [µl]
1	1. Probe	3	2	4	10
2	2. Probe	3	2	4	10
3	3. Probe	3	2	4	10
4	4. Probe	3	2	4	10
5	DNA-Marker (25 ng/µl)	0	0	10	10
6	750 ng λ DNA, Hind III	7,5	2,5	2,5	10
7	500 ng λ DNA, unverdaut	9,6	2,5	0,4	10
8	570 ng Plasmid, Pst I + Eco RI	0	5	20	25
9	570 ng Plasmid, Bam HI	0	5	20	25
10	570 ng Plasmid, Pst I	0	5	20	25
11	570 ng Plasmid, Nco I	0	5	20	25

Tab.6: Pipettierschema für das Agarosegel aus der vorigen Restriktionsreaktion. Reihenfolge beim Pipettieren: 1. aq. dest., 2. DNA, 3. 10x Restriktionspuffer und 4. Enzym.

Ergebnisse & Fragen

1.Plasmid

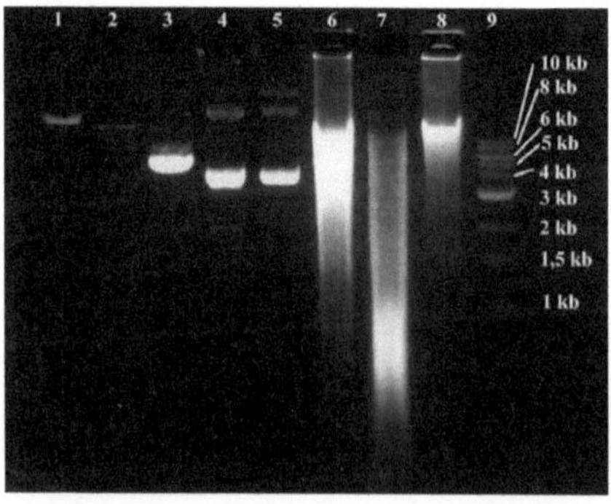

Abb. 1: Gelanalyse genomischer, Phagen- und Plasmid-DNA (Identifizierung)
Spur 1   λ DNA, unverdaut
Spur 2   λ DNA, Hind III
Spur 3   Plasmid-DNA, PstI
Spur 4   Plasmid-DNA, NcoI
Spur 5   Plasmid-DNA, unverdaut
Spur 6   genomische DNA, HindIII
Spur 7   Genomische DNA, Sau3A
Spur 8   Genomische DNA, unverdaut
Spur 9   1kb DNA-Leiter

In der ersten Spur ist eine Bande zu erkennen, ihr entspricht wie erwartet die ungeschnittene λDNA. Die 2. Spur hat 4 Banden (Bp-Größe -aus der Literatur- von oben nach unten: 23130, 9416, 6557 und 4361, die letzte im Foto kaum sichtbar). Hind III schneidet aber das λPhagen-DNA in 8 Fragmenten auf einem 1% Agarosegel. Die unteren Banden sind nicht zu sehen. Es ist sehr wahrscheinlich, dass die Konzentration vom verdautem λPhagen-DNA zu niedrig war, damit die Menge an den kleineren Fragmenten (mit 2322, 2027, 564 und 125bp) in Banden auf dem Gel sichtbar werden.

Auf Spur 5 sind 3 Banden des unverdauten Plasmids zu sehen. Da hier nur unverdautem Plasmid gelaufen ist, entsprechen diesen Banden, von oben nach unten, das Trimer, Dimer und das super-coiled Monomer des untersuchten Plasmids. Das Trimer ist schwerer als Dimer, und dieser schwerer als das Monomer und wandert entsprechend langsamer als Dimer und Monomer. Das supercoiled Monomer hat, mit Vergleich des DNA-Markers, eine Bp-Größe von ca. 4000bp, aber da sie supercoiled ist, wandert schneller, da die DNA „geknäuelt" vorliegt (niedrigere Reibung in Agarosegel, da kleiner als lineares DNA).

Aus der Spur 4 mit dem Verdau von NcoI erkennt man 2 Banden, die auf derselben Höhe der 2. Und 3. Banden beim unverdautem Plasmid liegen (obere Bande: größer als 10kBp; untere Bande: ca. 4000 bp). Sie entsprechen also dem Dimer und Monomer des Plasmids, was zu bedeuten hat, dass NcoI das Plasmid nicht verdaut hat. Beim Verdau mit PstI (Spur 3) erkennt man nur eine helle Bande, die ein bisschen höher als die unterste helle Bande bei der Spur mit unverdautem Plasmid liegt (4. Bande des DNA-Markers, also ca. 5kBp). Diese Bande entspricht einem mit PstI geschnittenen, daher linearen und langsamer wandernden Plasmid. Nach der Plasmidkarte mit den Restriktionsstellen handelt es sich um das Plasmid pGEX-2T.

Die unverdaute genomische DNA in der Spur 8 hat nur eine Bande (ca. 20k bp mit Vergleich des λDNA verdaut mit Hind III), die leicht geschmiert ist. Da die DNA sehr lang ist, ist die Bande nicht scharf, und bestimmt nach oben und nach unten ausgebreitet, und deshalb sieht man ein kleiner Schmier.

Der Verdau der genomischen Lachs-DNA mit Hind III und Sau 3A ist unterschiedlich. Im ersten Verdau (Spur 6) sieht man ein langes Schmier im Größenbereich von 20k bis 2kBp, während beim Verdau mit Sau 3A liegt der Schmier im Größenbereich unterhalb von 1000 Basenpaaren. Also hat Hind III in vielen großen und Sau 3A in vielen kleinen Fragmenten geschnitten, so dass aus diesen vielen Banden ein Schmier zu sehen ist. Sau 3A hat mehr Restriktionsstellen als Hind III in der genomischen Lachs-DNA gefunden.

Xylencyanol wandert mit einer DNA-Fragmentgröße von 4000bp, entspricht der 5. Bande im DNA-Marker, Bromphenolblau wie ein DNA-Fragment von 500bp.

2.Plasmid

Tab.7: OD-Werte bei der photometrischen Messung der Plasmid-DNA-Lösung (aus Midi-Prep):

		1:20
Plasmid-DNA	OD_{260}	0,035
	OD_{280}	0,018

Daraus rechnet man die DNA-Konzentration zu (1:20 Verdünnung, OD=1 entspricht 50 µg/ml DNA):
[DNA] = 50 µg/ml·20·0,035 = 35 µg/ml
Also eine gesamte DNA-Menge von 14µg in 400µl aus dem Midi-Prep.
Reinheit der Plasmid-DNA:
Reinheit = OD_{260}/OD_{280} = 0,035/0,018 = 1,94. Entspricht einer DNA-Reinheit von 97,22%

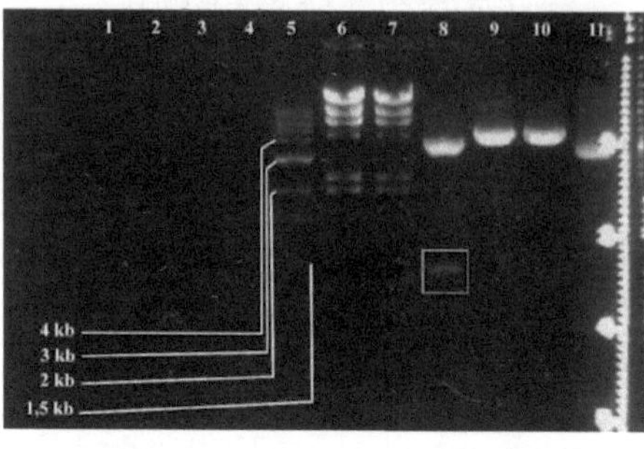

Abb. 2: Gelanalyse von Phagen- und Plasmid-DNA (Überprüfung der Identität)

Spur 1   1.Probe aus Midi-Prep
Spur 2   2.Probe aus Midi-Prep
Spur 3   3.Probe aus Midi-Prep
Spur 4   4.Probe aus Midi-Prep
Spur 5   1kb DNA-Leiter
Spur 6   750ng λ DNA, Hind III
Spur 7   500ng λ DNA, Hind III
Spur 8   570ng Plasmid-DNA, PstI + EcoRI
Spur 9   570ng Plasmid-DNA, BamHI
Spur 10   570ng Plasmid-DNA, PstI
Spur 11   570ng Plasmid-DNA, NcoI

Die Spuren im Gel mit den Verdaus haben ein erwartetes Ergebnis: In Spuren 9 und 10 sind in je eine Bande zu sehen, von ca. 5000 Basenpaaren. Es entspricht der Bp-Größe von unserem „GEX"-Plasmid (Abkürzung für pGEX-2T-Plasmid). Es liegt in linearer Form. In Spur 11 ist kein Verdau aufgetreten, NcoI hat keine Restriktionsstelle im „GEX"-Plasmid, und die Bande liegt etwas höher als die Banden mit Einzelverdau (Spuren 2, 3), weil das Plasmid in geknäuelter, super-coiled Form vorliegt. In Spur 8 sind 2 Banden zu sehen, die eine von 4000Bp, und die untere, schwächere von ca. 1000Bp. Dies entspricht dem erwarteten Verdau von Pst I und EcoRI laut Plasmidkarte.

Die durch photometrische Messung bestimmte Plasmidmenge von 14µg in 400µl aus dem Midi-Prep stimmt ziemlich mit der durch Vergleich mit dem DNA-Marker im Gel geschätzten Menge überein. Das 3000Bp-Fragment des DNA-Markers (Gewicht 62,5 ng) ist so schwach in Vergleich zu den sehr hellen Banden in den Spuren 8-11 (aufgetragene Plasmidmenge: ca. 0,5µg). Das Verhältnis von 62,5ng zu 0,5µg (500ng) ist ca. 1:8. Mit Intensitätsvergleich kann man mit bloßen Augen ein solches Verhältnis etwa einschätzen. Es wurde 20µl Plasmid-DNA mit also 0,5µg auf das Gel aufgetragen, d.h., es gab 0,5µg*20=10µg in 400µl Plasmidsuspension aus dem Midi-Prep, in Vgl. zu der abgeschätzten Plasmidmenge von 14µg nach der photometrischen Messung.

Man kann jetzt auch die typischen 6 Banden beim Verdau vom λPhagen-DNA mit Hind III erkennen. Und die Intensität entspricht auch der aufgetragenen DNA-Menge (500ng bei Spur 5, helle Banden, und 750ng bei Spur 6, noch hellere Banden).

Anhand der Banden in den Spuren mit den Proben 1-4 aus dem Verfahren zur Herstellung von Midi-Preps lassen sich die Schritte der Plasmidreinigung wieder erklären: Die 1.Probe sollte einer Kontrolle bei der Zelllyse mittels P2-Puffer (Lysepuffer) entsprechen, 2.Probe sollte die Bindungseffizienz der Plasmid-DNA im Harz der Chromatographie-Säule, 3.Probe sollte Kontaminationspartikel aus dem Waschen enthalten und die 4.Probe sollte ein kleines Anteil des Eluats haben. Diese Proben fassen die Schritte zur Plasmidreinigung zusammen: 1.)Zelllyse der Bakterien, 2.)Bindung des isolierten Plasmids an der Säulenmembran, 3.)Waschen der Säulenmembran zur Entfernung von Kontaminationspartikel und 4.)das Eluieren der Plasmid-DNA aus der Säule.

Leider ist in unserem Gelfoto (Bild 2) keine Banden oder Schmiere in den Spuren 1-4 zu sehen. Andere Gruppen haben teilweise schwache Schmiere bekommen.

Diskussion

Die Plasmide wurden erfolgreich identifiziert bzw. auf ihre Identität überprüft. Man erhielt eine ziemlich hohe DNA-Reinheit (97,22%). Die Banden der Phagen-DNA waren jetzt viel besser zu erkennen. Nur bei den Proben aus der Herstellung des Midi-Preps (Spuren 1-4 im Bild 2) ist es nicht gelungen, die erwarteten Banden auf dem Gel zu bekommen. Ein unsorgfältiges Handeln bei der Herstellung des Midi-Preps ist sicher der Grund für diesen Misserfolg.

<u>Klonierung von GFP in E.coli</u> (10.-22.Januar)

Versuchsabsicht

Die klonale Produktion von E. coli Bakterien mit dem Insert GFP-Gen, die im Plasmid pGEX-2T eingebaut werden soll, um grün fluoreszierende E.coli Bakterien zu erzeugen.

Materialien und Methoden

Es wurden grundsätzliche Schritte bis zur Transformation bzw. Herstellung von grün fluoreszierenden E. coli Bakterien durchgeführt, die detailliert beschrieben werden:

- Präparativer Verdau vom Vektor aus pGEX-2T und dem Insert GFP
- Extraktion aus dem Gel und Reinigung vom Vektor und isolierten GFP-Fragment
- Ligation vom GFP-Fragment mit dem Vektor
- Transformation des ligierten Plasmids in kompetenten E. coli Bakterien
- Analyse in Agarosegel von Transformanten (Mini-Prep)

Präparativer Restriktionsverdau:

Es wurden 0,5µg GFP-Fragment aus dem Plasmid pGEM-T GFP und 1µg Vektor aus pGEX-2T präpariert. Um 0,5µg GFP-Fragment zu ernten, wurde 2,5µg pGEM-T GFP verdaut, da das Bp-Größe-Verhältnis von Plasmid zu Fragment 5:1 ist. Daraus ergibt sich das Pipettierschema:

Probe	DNA [µl]	Aq. Dest. [µl]	10x Restriktionspuffer [µl; (Puffernr.)]	Enzym [µl; units]	Endvolumen [µl]
pGEM-T GFP *[2,5 µg]* BamHI + EcoRI	25	18,8	5; (2)	0,6 + 0,6 ; 12,5 U	50
pGEX-2T *[1 µg]* BamHI + EcoRI	30	14,5	5; (2)	0,25 + 0,25 ; 5 U	50

Tab.8: Präparativer Restriktionsverdau. Die Ansätze wurden für 2h bei 37°C inkubiert.

AGE-Analyse und präparatives Agarosegel:

AGE-Analyse aus den Restriktionsansätzen, 10% der Restriktionsreaktion (5µl), Pipettierschema:

Nr.	Probe	Aq. Dest. [µl]	5x Probenpuffer [µl]	Restriktion / DNA [µl]	Endvolumen [µl]
1	DNA-Marker (25 ng/µl)	0	0	10	10
2	pGEM-T GFP *[2,5 µg]* BamHI + EcoRI	5	2,5	5	12,5
3	pGEX-2T *[1 µg]* BamHI + EcoRI	5	2,5	5	12,5

Tab.9: Pippetierschema der AGE-Analyse.

Präparation auf Agarosegel aus den Restriktionsansätzen für spätere Extraktion und Reinigung vom Vektor und Fragment, Pipettierschema:

Nr.	Probe	5x Probenpuffer [µl]	Restriktion / DNA [µl]	Endvolumen [µl]
1	DNA-Marker (25 ng/µl)	0	10	10
2	pGEM-T GFP *[2,5 µg]* *BamHI + EcoRI*	10	45	55
3	pGEX-2T *[1 µg]* *BamHI + EcoRI*	10	45	55

Tab.10: präparatives Agarosegel spätere Vektor- und Fragmentisolation.

Gelextraktion und Reinigung vom pGEX-2T Vektor und isolierten GFP-Fragment
Die DNA-Banden mit dem Vektor und dem Fragment wurden nach dem Qiagen –Protokoll für das QIAquick Gel Extraction Kit aus dem Agarosegel extrahiert bzw. gereinigt (Schritte 4 und 5 wurden nicht durchgeführt):

1)Die DNA-Fragmente (die Bande mit dem GEX-Vektor und dem GFP-Fragment) wurde aus dem Agarosegel mit einem sterilen Skalpell extrahiert (möglichst kleine Fläche ausschneiden).
2)Das ausgeschnittene Gelstück wurde in einem Eppendorfgefäß gewogen. Drei Volumina von QG-Puffer wurden zu einem Volumen Gelstück addiert (100mg Gel entspricht ca. 100µl). Unsere Gelstücke wogen 0,1055 g (GFP) und 0,2328 g (GEX-Vektor), d.h., wir addierten vom QG-Puffer 318µl zu GFP und 699µl zu GEX.
3)Dann wurden beide Eppis mit den Gelstücken für 10min bei 50°C inkubiert, damit das Gel sich auflöste. Während der Inkubation wurden die Eppis jede 2-3 Minuten mit einem Vortex gemischt.
4)Wurde das Gel aufgelöst, musste man eine gelbliche Lösung im Eppi erkennen.
5)Nun wurde zwei QUICKspin-Säulen auf zwei frischen Sammel-Eppis aufgesetzt.
6)Die Probenlösungen (Eppis mit GFP-Fragment und GEX-Plasmid) wurden in je einer Säule zugegeben und 1 Minute zentrifugiert –es erfolgt das Binden der DNA an der Säule.
7)Die durchflossenen Lösungen werden entsorgt und die Sammeleppis wieder verwendet.
8)Jetzt wird 0,5 ml QG-Puffer der Säule zugegeben und für 1 Minute zentrifugiert. Zum Waschen wird dann 0,75ml PE-Puffer zugegeben und 1 Minute zentrifugiert. Durchflossene Flüssigkeit wird entsorgt und 1 Minute bei 13000rpm nochmals zentrifugiert.
10)Die Um das dNA zu eluieren, wird die QUICKspin-Säule jetzt in einem frischen Eppi aufgesetzt, 30µl EB-Puffer (Elutionspuffer) auf die Mitte der Säulemembran zugegeben und für 1 Minute zentrifugiert.

AGE-Analyse der Extraktion aus dem Gel bzw. der Reinigung vom Vektor und Fragment
Aus dem gereinigten Vektor und Fragment wurden 10% (3µl) in Agarosegel als Kontrolle analysiert. Pipettierschema:

Nr.	Probe	Aq. Dest. [µl]	5x Probenpuffer [µl]	Restriktion / DNA [µl]	Endvolumen [µl]
1	DNA-Marker (25 ng/µl)	0	0	10	10
2	pGEX-2T Vektor	7	2,5	3	12,5
3	GFP-Fragment	7	2,5	3	12,5

Tab.11: Pipettierschema für die Agarosegel-Kontrolle der Fragment- und Vektorisolation.

Ligation von GFP-Fragment in pGEX-Vektor

Vor Ansetzen der Ligationsreaktion wurde die gereinigten Fragment- und Vektormenge aus der AGE-Analyse (nach Extraktion aus dem Gel und Reinigung) bestimmt: Mit Vergleich der Intensität der 3 kb-Bande (Gewicht: 125ng) des DNA-Markers (Konzentration: 25µg/ml) ergibt sich eine Plasmidmenge von 60ng bzw. Konzentration von 20ng/µl (berechnet aus dem 3µl-Ansatz in der AGE-Analyse), und eine Fragmentmenge von 40ng bzw. Konzentration von 13,3ng/µl (berechnet aus dem 3µl-Ansatz in der AGE-Analyse).

Für die Ligation soll außerdem 50ng Vektor angesetzt werden und das molare Verhältnis von Vektor und Fragment soll 1:5 sein. Für die Berechnung der zu ansetzenden Fragmentmenge muss noch berücksichtigt werden, dass das Gewichtsverhältnis von pGEX-Vektor und GFP-Fragment 4948Bp:726Bp, d.h. 6,8:1 ist. Die Fragmentmenge für die Ligation beträgt also: 50ng*5/6,8=37ng. Mit der berechneten Fragment- und Vektorkonzentration aus der AGE-Analyse ergeben sich die Volumina für die Ligationsreaktion. Es werden zusätzlich 2 Kontrollligationen angesetzt (eine nur mit Vektor und die zweite nur mit Fragment):

	Fragment [µl]	Vektor [µl]	aq. dest. [µl]	10xLigasepuffer [µl]	T4-DNA Ligase [µl]	Endvolumen [µl]
Ligation	2,8	2,5	11,7	2	1	20
Kontrolle nur Vektor	0	2,5	14,5	2	1	20
Kontrolle nur Plasmid	2,8	0	14,2	2	1	20

Tab.12: Pipettierschema für die Ligationsreaktionen.

Ansetzen von Bakterienkulturen für die Produktion kompetenten Bakterien

Ein 15 ml Falcongefäß wurde mit 5ml steriles LB-Medium gefüllt. Es wurde kein Ampicillin zugegeben. 50µl von *E.coli* XL 1 blue Bakterien wurden zum Gefäß pipettiert. Die Bakterienkultur wurde im Schüttler bei 37°C nachtsüber inkubiert.

Herstellung von kompetenten Bakterien

(Zuvor wurde 20ml 0,1M CaCl$_2$ aus der 1M Stocklösung vorbereitet, auf Eis gestellt)

1)Aus der Übernachtkultur mit E.coli XL 1 wurde 3,33ml in 100ml LB-Medium in einem Erlenmeyerkolben beimpft (1:30).

2)Es wurde den OD-Wert der Bakterienlösung bestimmt (mit LB-Medium als Nullwert), bevor sie in dem 37°C-Schüttler inkubiert wird, damit sie die log-Phase (exponentielle Wachstumsphase) erreicht.

3) Das Wachstum wird verfolgt und der OD-Wert der Lösung jede 30min gemessen (bis zu einem OD ≈0,4-0,5). Nun wird die Bakterienkultur in Eiswasser gestellt (Bei uns nach 105 Minuten): Gemessene OD-Werte der Bakterienlösung.

4)Die Bakterien werden 15' in Eis inkubiert, dann 50ml von der Kultur in einem 50ml Falcongefäß auf Eis zugegeben.

5)Die Bakterienlösung wurde bei 4000rpm und 4°C für 10' in der Heraeus-Zentrifuge zentrifugiert.

6)Der Überstand wurde verworfen bzw. kurz abgetropft, ohne das Pellet zu erwärmen.

7)10ml eisgekühlter 0,1 M CaCl$_2$-Lösung wird dem Bakterienpellet zugegeben und, auf Eis, sorgfältig die Bakterien beim Pipettieren resuspendiert.

8)Es wird wieder 10 min zentrifugiert (4000rpm, 4°C).

9)Der Überstand wurde abgenommen bzw. kurz abgetropft, ohne das Pellet zu erwärmen.

10)2ml von eisgekühlter 0,1 M CaCl$_2$-Lösung wird dem Pellet zugegeben und in Eis sorgfältig beim Pipettieren resuspendiert.

11)Für jede Transformation wird 200µl der kompetenten Bakterien in einem in Eis vorgekühlten 1,5ml-Eppendorfgefäß übertragen. Der Rest der kompetenten Bakterien wird für Transformationen in späteren Experimenten bei 4°C gelagert.

Anfertigen von Agarplatten

Für die Transformation wurden Agarplatten vorbereitet. 400ml LB-Agar wurde vorher autoklaviert. Hatte das Agar eine Temperatur von 45-50°C (in Wasserbad) erreicht, wurde Ampicillin zu einer Endkonzentration von 100µg/ml (also 400µl aus der 100mg/ml Ampicillin-Stocklösung, Verdünnung 1:1000) zugegeben und das Agar wurde auf die Platten gegossen. Nach Erstarren des Agars wurden die Platten bis zum Tag der Transformation umgekehrt bei 4°C gelagert.

Transformation von kompetenten Bakterien

1)Amp-LB-Agarplatten müssen zum Raumtemperatur gebracht werden.

2)Zu den 4 x 200µl Aliquots von kompetenten Bakterien werden folgende DNA-Proben zugegeben:

- a. 10µl der Ligationsreaktion mit isoliertem Fragment und GEX-Vektor
- b. 10µl der Ligationsreaktion mit 1. negativen Kontrolle (nur Fragment)
- c. 10µl der Ligationsreaktion mit 2. negativen Kontrolle (nur Vektor)
- d. 0,5µl von Plasmid-DNA, das mittels Midi-Prep aufgereinigt wurde (das pGEM-T-GFP Plasmid; positive Kontrolle)

3)Die hergestellten Transformationsansätze werden 30min in Eis inkubiert,

4)dann für 90'' bei 42°C unter Hitzeschock gesetzt. 1ml LB-Medium (ohne Ampicillin) wird in jedem Eppi zugegeben und gemischt. Es wird für 60' bei 37°C inkubiert. Jetzt werden die Bakterien auf die Amp-LB-Agarplatten (mit Ampicillin) folgendermaßen ausplattiert:

- a. Ligation (GFP-Fragment + GEX-Vektor): 10% des Reaktionsvolumens (121µl) ausplattieren. Die restlichen Bakterien 3 min bei 3000rpm zentrifugieren, Überstand verwerfen, das Zellpellet in der übrig gebliebenen Flüssigkeit (ca. 200µl vom Überstand übrig lassen) resuspendieren und auf eine zweite Agarplatte ausplattieren.
- b. 1. negative Kontrolle (nur Fragment): Bakterien zentrifugieren, Überstand verwerfen, Zellpellet in der übrig gebliebenen Flüssigkeit (ca. 200µl) resuspendieren und in einer Agarplatte ausplattieren.
- c. 2. negative Kontrolle (nur Vektor) wie bei b. vorgehen.
- d. Positive Kontrolle: 1% und 10% ausplattieren (50µl LB-Medium zum 1%-Volumen hinzufügen)

Zum gleichmäßigen Verteilen der Transformationslösungen auf die Platten wurden sterile Plastikkügelchen auf das Agar gerollt. Es wurden also insgesamt 6 Platten ausplattiert und diese umgekehrt (Deckel unten) bei 37°C über Nacht inkubiert.

Der Rest der Ligationsreaktionen wurde bei -20°C aufbewahrt.

Ansetzen von Übernachtskulturen für Mini-Prep (pGEX-GFP)

Es wird auf Kolonien in den LB-Amp-Platten aus den Transformationsansätzen untersucht. Es wird die Anzahl der Kolonien pro Transformationsansatz bestimmt.

Es wurde dann LB-Medium mit Ampicillin mit einer Konzentration von 100µg/ml vorbereitet (1:1000 Verdünnung aus einer 100mg/ml Stocklösung). Auf mit 4ml LB-Medium/Ampicillin gefüllten 6 Falcongefäße wurde jeweils eine Kolonie aus dem Transformationsansatz mit Ligation des Vektors mit Fragment zugegeben (Die Kolonien wurden mithilfe einer gelben Spitze aus der Platte herausgenommen und man ließ die Spitze auf dem Wassermannröhrchen für die Übernachtskultur fallen).

Für dieses Experiment wurde nur eine Übernachtskultur angesetzt (Erklärung später in „Ergebnisse").

Mini-prep, Restriktionsanalyse und AGE-Analyse

2ml der Übernachtskultur (vorher gut gemischt) wurde auf einen 2ml Eppendorfgefäß aufgetragen, kurz zentrifugiert und nach dem Qiagen-Protokoll den Mini-Prep hergestellt:

1)Das Bakterienpellet wird mit 250µl P1-Puffer resuspendiert. 250µl P2-Puffer wurden zugegeben und durch Umkehren des Eppis (4 bis 6mal) sorgfältig gemischt. 350µl N3-Puffer wurden zugegeben und durch Umkehren des Eppis (4 bis 6mal) sofort und sorgfältig gemischt.

2)Das Eppi wurde 10' bei 13000rpm zentrifugiert und der Überstand auf einer QIAprep spin-Säule transferiert. Es wurde 30''-60'' zentrifugiert, und die durchgeflossene Flüssigkeit verworfen. Die Säule wurde durch Zugabe von 0,5ml PB-Puffer gewaschen und für 30-60s zentrifugiert. Die durchgeflossene Flüssigkeit wurde entsorgt.

3)Die Säule wurde nun durch Zugabe von 0,75 ml PE-Puffer gewaschen und für 30-60s zentrifugiert. Die durchgeflossene Flüssigkeit wurde verworfen und 1' zentrifugiert, um restlicher Waschpuffer zu entnehmen.

4)Für Elution der DNA wurde die Säule in einer sauberen 1,5ml Eppendorfgefäß gestellt, 50µl EB-Puffer auf die Säulenmembran zugegeben, 1 Minute stehen gelassen und 1' zentrifugiert.

Die Restriktionsanalyse wurde mit BamHI und EcoRI angesetzt (Kontrolle: GEX-Vektor. Konzentration von pGEX-GFP aus MiniPrep 0,1µg/µl; [GEX-Vektor]=35ng/µl):

Probe	DNA [µl]	Aq. Dest. [µl]	10x Restriktionspuffer [µl; (Puffernr.)]	Enzym [µl; units]	Endvolumen [µl]
pGEX-GFP *[0,5 µg]* *BamHI +EcoRI*	5	3,75	1; (2)	0,125+0,125; 2,5U + 2,5U	10
GEX-Vektor *[0,2 µg]* *BamHI +EcoRI*	5,7		1; (2)	0,1 + 0,1*; 2U + 2U	10

Tab.13: Pipettierschema der Restriktionsanalyse. *Das richtige Enzymvolumen bzw. Units war eigentlich 0,05µl bzw. 1U, aber das Pipettieren von 0,05µl war impraktikabel.

Daraus wurde die AGE-Analyse mit dem geschnittenen pGEX-Plasmid und das ungeschnittene GEM-T-eGFP (eigentlich nützlich nur, wenn es geschnitten vorliegt) als Kontrollen durchgeführt:

Probe	5x Probenpuffer [µl]	Restriktion/ DNA [µl]	Endvolumen [µl]
DNA-Marker (25 ng/µl)	0	10	10
pGEM-T-GFP (nicht verd.)	2,5	10	12,5
pGEX-GFP (aus MiniPrep)	2,5	10	12,5
pGEX-2T Vektor (verdaut)	2,5	10	12,5

Tab.14: Pipettierschema für das analytische Agarosegel aus den Mini-Preps.

Ergebnisse

Transformation: Die LB-Amp-Agarplatten der negativen Kontrollen zeigen keine Kolonien. Die Platten aus der Transformation mit dem ligierten Fragment und Vektor zeigen 4 Kolonien. Die anderen Gruppen nahmen 3 Kolonien für Herstellung ihrer Mini-Preps bzw. wir nahmen eine Kolonie für Produktion eines Mini-Preps.

Das vorliegende Gelfoto zeigt die 6 Mini-Preps aus einem nächsten Versuch (Spur 4-9), diese sollen für diesen Versuch nicht beachtet werden.

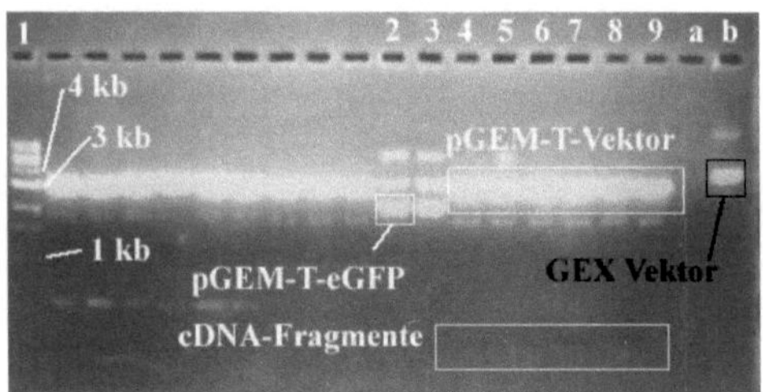

Abb. 3: Gelanalyse von GEX-Vektor und eGFP-Fragment.

Spur 1	DNA-Marker
Spur 2 & 3	Ungeschnittenes pGEM-T-GFP
Spur a	Verdautes pGEX-GFP aus Mini-Prep
Spur b	Kontrolle: geschnittener pGEX-Vektor

Aus dem Mini-Prep sind keine Banden im Agarosegel zu sehen. Die Kontrolle (linearisierter GEX-Vektor) zeigt der linearisierte pGEX-Vektor (untere dicke Bande, ≈5kb) und eine obere Bande mit vermutlich ein ligiertes Plasmid aus 2 linearisierten pGEX-Vektoren (≈10kb).

Diskussion

Bis zur Transformation wurde der Versuch erfolgreich durchgeführt. Andere Gruppen erhielten keine Transformanten in Vergleich zu unserer Gruppe. Es wurde daher eine zweite Ligationsreaktion zur Ligierung von Vektor und Fragment durchgeführt, die hier in der Versuchsdurchführung nicht erwähnt worden ist, da für uns nicht relevant war (wir hatten bei der ersten Ligation schon Transformanten produziert). Nach der 2. Ligationsreaktion erhielten die anderen Gruppen wieder keine Transformanten, wir auch nicht. Nach Diskussion über die Gründe für dieses Misserfolg in praktisch alle Gruppen waren die akzeptierten Erklärungen Mutationen im hergestellten Plasmid, weil es zu lange unter UV-Licht beim Anfertigen des Gelfotos exponiert wurde. Somit konnte β-Lactamase nicht rechtzeitig synthetisiert werden und konnten nicht auf die LB-Amp-Platten wachsen.

Das Gelfoto (Abb.3) zeigt auch, dass das Mini-Prep nicht richtig durchgeführt wurde. Es wurde kein Produkt produziert, oder nur in einer zu kleinen Konzentration, sodass es im Gelfoto nicht sichtbar ist. Daher wurde die Induktion von eGFP mit IPTG nicht mehr durchgeführt.

Fragen: Die Ligationskontrollen (nur Fragment und nur Vektor) geben Information über die Richtigkeit der Ligation von Vektor und Fragment. Diese werden später in den Agarplatten bei der Transformation sichtbar. Bei den Platten mit den Ligationskontrollen sollen keine Kolonien wachsen, da die verwendeten kompetenten E.coli Bakterien nicht ampicillinresistent sind. Damit ist auch die Frage über den Sinn der Transformation-Kontrollen geantwortet. Die zusätzliche Kontrolle, die erst bei der Transformation angesetzt wurde (positive Kontrolle), überprüft, ob alle Parameter –außer dem Plasmid– bei der Transformation (Kompetenz der Bakterien, CaCl₂-Lösung, Zeitintervallen, etc.) fehlerfrei sind.

Eine andere Ligationskontrolle könnte die Ligationsreaktion von einem fremden Fragment (also nicht GFP-Fragment) oder eines fremden Vektors (also nicht pGEX) sein. Keine Kolonien bei der Transformation sollten aus diesen Kontrollen erhalten werden.

<u>Retrovirale Transduktion von CHO-Zellen</u> (14.-23.Januar)

Versuchsabsicht

In diesem Experiment wurde erzielt, CHO Zellen (Chinese Hamster Ovary) mittels eines inaktivierten und für das Experiment modifizierten Retrovirus zu transduzieren, der vorhin in HEK 293T Zellen (Human Embryo Kidney) transfiziert wurde und sich dort bis zum fertigen Retrovirus entwickelt hat. 3 Plasmide dienten der Transfektion in den HEK Wirtszellen: ein Plasmid mit dem zur Genexpression gewünschten Gen, das später durch Integrasen des Retrovirus als von viraler Reverse Transkriptase synthetisierte cDNA in das Genom von CHO Zellen integriert wurde; ein zweites Plasmid mit den *env*-Genen (für die Expression der viralen Hüllproteinen) und ein drittes Plasmid mit den *gag-pol* Genen (für die Synthese der viralen Protease, reverse Transkriptase, der Integrase, der Matrixproteinen (*gag*) und von Proteinen, aus denen das Capsid/Nukleocapsid besteht). Die 3 Plasmide dienten der Bildung des Retrovirus, wobei das Plasmid mit der Information für die Expression des gewünschten Genes (GFP in unserem Fall) als mRNA in die Virusmatrix vorliegt. Das GFP-Gen ist durch LTRs (Long Terminal Repeats) flankiert, die als Signalsequenzen für die virale Translokation bzw. Integration der cDNA in das Genom vom Wirt (hier die CHO Zellen) fungiert. HEK-Zellen können nicht wieder von diesem Retrovirus wieder infiziert werden, da sie keine mCAT-Rezeptoren haben, die für das Andocken der Viren an die Zelle nötig ist. Die ausgeschiedene Retrovirus-Partikel werden also im Medium der HEK-Zellen geerntet und in CHO Zellen transduziert (diese besitzen die mCAT-Rezeptoren und den TAM2 Transaktivator: pRev-TRE2 Plasmide besitzen ein Doxyzyklin/Transaktivator-responsive Element für den Transkriptionstart). Durch Zugabe von Doxyzyklin wird man die durch retrovirale Transduktion vermittelte Genexpression von grün fluoreszierenden GFP-Proteinen mittels FACS-Analyse (Flow Cytometry) und konfokale Mikroskopie nachweisen können.

Materialien und Methoden

Ausfällung der Plasmid-DNA für die Virusproduktion mittels Transfektion

Es wurden folgende Plasmide in einem 1,5 ml Eppendorfgefäß pipettiert:

- 1,5 µg of pRev-Tre2-GFP plasmid, 137 ng/µl → 11 µl
- 1,5 µg pVPack-GP (*gag/pol*), 410 ng/µl → 3,66 µl
- 1,5 µl pVPack-Eco (*env*), 1123 ng/µl → 1,14 µl

(Als Kontrolle für die retrovirale Transduktion wurde den gleichen Ansatz pipettiert, nur statt das Plasmid pRev-Tre2-GFP wurde das Plasmid pFB-hr GFP verwendet.)

Die 1. Und 2. Mischung der Plasmid-DNAs wurden wie folgt behandelt: 100µl 3M Natriumacetat und 1ml 100% Ethanol zugegeben, durch Umkehren des Eppi's gemischt, und dann bei -80°C für 30 Minuten inkubiert. Dann wurde die DNA als Pellet durch Zentrifugation bei 13000rpm und 4°C für 15 min gesammelt. Überstand wurde sorgfältig abgesaugt, ohne das Pellet zu berühren. Nun wurde1ml 70% Ethanol zu der Mischung langsam hinzugefügt, der Eppendorfgefäß einmal umgekehrt, und bei

13000 rpm und 4°C für 5 min zentrifugiert. Zum Schluss wurde der Überstand entsorgt. Der geschlossene Eppi mit dem leicht nassen Pellet wurde bei 4°C aufbewahrt.

Transfektion der HEK 293T Zellen und Mediumwechsel

Die Eppi's (1.Mischung und Kontrolle) mit den DNA-Pellets wurden am nächsten Tag bei 13000rpm für 5' zentrifugiert. Der Überstand wurde sorgfältig abgesaugt und beide Eppis in einem sterilen Arbeistplatz (laminar flow) mit geöffneten Deckeln für 15' getrocknet.

Nun werden die HEK Zellen (die in einem integrierten Plastikrechteck mit 6 kleinen Petrischalen) vorbereitet: HEK Zellen sollen in den Petrischalen 40%-Konfluenz (Maß für die Kapazität eines Medium für kultivierte Zellen) haben. MBS-haltiges Medium wurde nun, unmittelbar vor Transfektion, vorbereitet (Vorbereitung s. Anhang). Wachstumsmedium (DMEM) wurde aus den Petrischalen abgenommen, 2ml vom MBS-haltigen Medium zu jeder Petrischale zugebeben und die Petrischalen in den 37°C Inkubator zurückgestellt. Dieser letzte Schritt soll 20-30 Minuten vor Zugabe der DNA-Suspension durchgeführt werden.

Zunächst wurde die DNA-Suspension der HEK-Zellen zugegeben. 225µl von aq. dest. (Braun) wurde der luftgetrockneten DNA-Pellets zugesetzt. Die DNA wurde durch Ein- und Absaugen mittels einer 1000µl-Gilsonpipette resuspendiert (ca.20mal mit der Pipette bei 200µl gestellt). 25µl der Lösung I des MBS Mammalian Transfection Kits wurde zu der resuspendierten DNA appliziert und gemischt. Dann wurde 250µl von Lösung II addiert und **sorgfältig** gemischt, indem die Suspension (6 bis 8mal) mit der Gilsonpipette (bei 250µl gestellt) ein- und abgesaugt wird. Die DNA-Suspension soll von klar zu trüb erscheinen. Sie wurde jetzt für 10 Minuten bei Raumtemperatur gestellt.

Die 6 Petrischalen wurden nun vom Inkubator herausgenommen und die DNA-Suspension tropfenweise zu den Petrischalen zugegeben. Die Petrischalen wurden in Achterform (oder kreuzweise) hin- und her bewegt, um die DNA-Suspension gleichmäßig zu verteilen.

Jetzt werden aus Sicherheitsgründen (Arbeiten mit Virus) Handschuhe angezogen. Die Kulturpetrischalen werden nun in den 37°C Inkubator zurückgestellt und für 3h inkubiert. Nach dieser Zeit wird das Medium von den Petrischalen abgenommen und 2ml Wachstumsmedium (enthält jetzt 25µM Chloroquin) appliziert. Die Petrischalen werden nun in denselben 37°C Inkubator für 6-7 Stunden inkubiert. Nach dieser Zeit wird das Chloroquin-haltiges Wachstumsmedium entfernt und mit 2ml Wachstumsmedium ohne Chloroquin versorgt. Nach einem Tag wurde das Wachstumsmedium wieder entfernt, durch frischen Wachstumsmedium (1,5 ml) versorgt und bei 37°C im Inkubator weiter bebrütet.

Transduktion der CHO Zellen

Nach 2 Tagen erfolgte die Transduktion. Das Medium in Petrischalen mit CHO Zellen (mit 20%-30% Konfluenz) wurde entfernt. Der Überstand (enthält die Retroviren) aus den Petrischalen mit HEK-Zellen wurde mit einer Spritze ohne Nadel gesammelt, und davon 1ml durch einen 0,45 µm-Filter direkt zu den CHO Zellen transferiert. DEAE-dextran Lösung wurde zu den viralen Überstand in den Petrischalen mit CHO Zellen zugegeben, mit einer Endkonzentration von 10ng/ml (also 1ml aus der 10mg/ml DEAE-dextran Stocklösung pipettiert. Die Petrischalen mit den transduzierten CHO Zellen wurde im 37°C Inkubator für 3h gestellt und nach dieser Zeit 1ml Wachstumsmedium (αMEM) zu jeder Petrischale zugegeben.

Verdünnung und Zugabe von Dox (Doxyzyklin) für die Untersuchung der GFP-Genexpression (FACS-Analyse und konfokale Laser Scanning Mikroskopie)

Die transduzierten CHO Zellen haben 100% Konfluenz erreicht und müssen nun für die FACS-Analyse (Durchflusszytometrie) und die konfokale Mikroskopie in neuen Petrischalen verdünnt werden:

-2 Petrischalen +Dox, 2 Petrischalen -Dox (2μg/ml Endkonzentration), Verdünnung 1:5. Diese CHO Zellen werden mittels Durchflusszytometrie analysiert.
-2 Petrischalen mit nicht-transduzierten CHO Zellen, auch 1:5 verdünnt, für Kalibrierung des FACS-Gerät.
-2 speziellen Kulturschalen, eine +Dox, eine andere -Dox, die Live-Imaging mittels Laserscanner-Konfokalmikroskop erlaubt. Verdünnung 1:25.
Es wurde folgendermaßen verdünnt: CHO Zellen zweimal mit 2ml PBS Lösung waschen. 0,5 ml Trypsin zugeben und 5 min bei 37°C inkubieren. 2 ml von αMEM-Medium zugeben und trypsinierte Zellen resuspendieren. Für die Petrischalen mit 1:5 Verdünnung wird 1,5 ml αMEM-Medium appliziert und 0,5 ml Zellsuspension zugegeben. Für die Petrischalen mit 1:25 Verdünnung wird 2 ml αMEM-Medium appliziert und 0,1 ml Zellsuspension zugegeben.

Untersuchung mittels Durchflusszytometrie (FACS-Analyse) fand 1 Tag später und konfokale Mikroskopie 2 Tage später.

Ergebnisse

Durchflusszytometrie von transduzierten CHO Zellen

Die 3 Abbildungen bei jedem Ansatz zeigen folgende Informationen: die erste Abbildung (SSC/FSC-Plot) zeigt die Gesamtheit aller gezählten Zellen mit dem FACS-Gerät (FACS=Fluorescent Activated Cell Sorting; SSC=Side Scatter bzw. FSC=Front Scatter: Informationen über die Granularität bzw. die Zellgröße) und das Gating für die nächsten 2 Grafiken; die 2.Abbildung zeigt die Messung der GFP-Fluoreszenz gegen die Zellgröße (FSC); und die 3.Abbildung zeigt ein Fluoreszenz-Histogramm mit der Anzahl der Zellen mit unterschiedlichen Fluoreszenzintensitäten, wobei immer ein Peak zu sehen ist.

Die positive Kontrolle und die nicht durch Doxyzyklin induzierte CHO-Zellen (-dox) zeigen erwartete Ergebnisse (Fluoreszenz bei der positiven Kontrolle bzw. keine Fluoreszenz bei „-dox"), die mit Doxyzyklin induzierten Zellen (+dox) zeigen aber keine erwartete GFP-Fluoreszenz.

Positive Kontrolle (transduzierte CHO-Zellen)

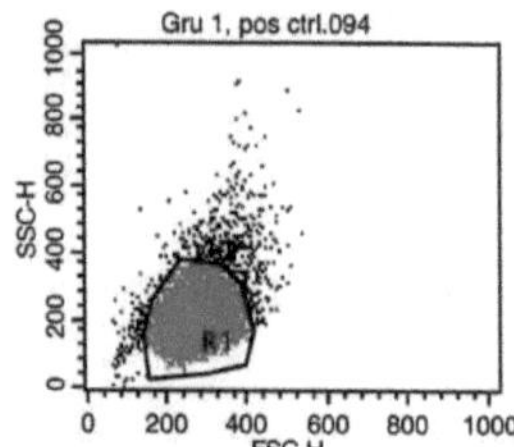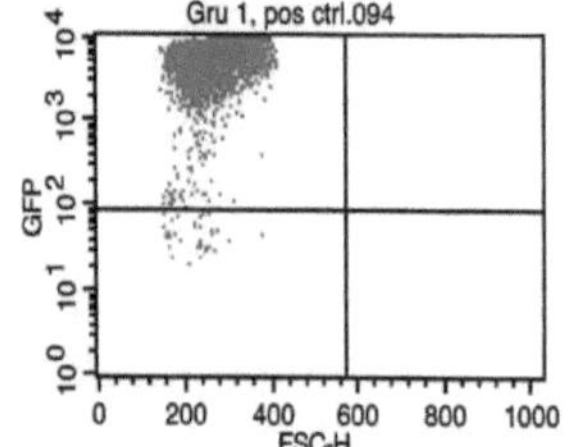

Abb. 4: Gating von transduzierten CHO-Zellen (positiven Kontrolle)

Abb. 5: FSC/FL-Dot Plot, Messung der GFP-Fluoreszenz der positiven Kontrolle: 93,53% Fluoreszenz in UL-Quadrant

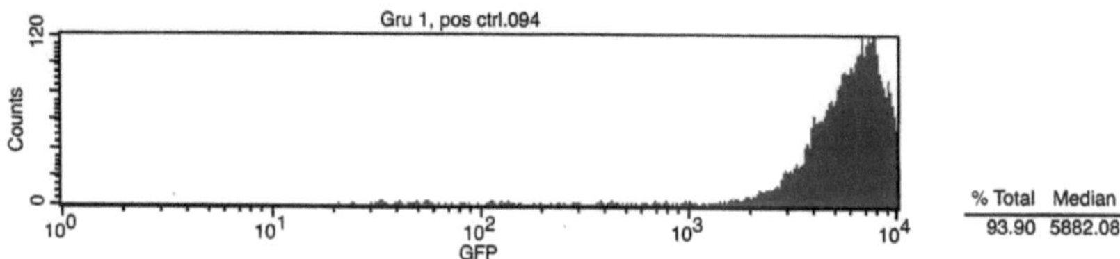

Abb. 6: FL-Histogramm, Zellzahl mit entsprechender GFP-Fluoreszenzintensität (Mittelwert: 5882,08)

Transduzierte CHO-Zellen, -dox (keine Fluoreszenz)

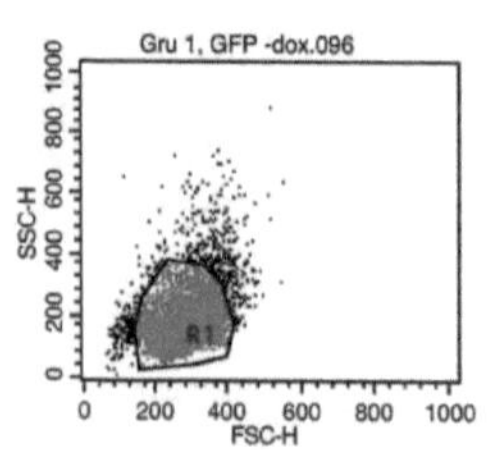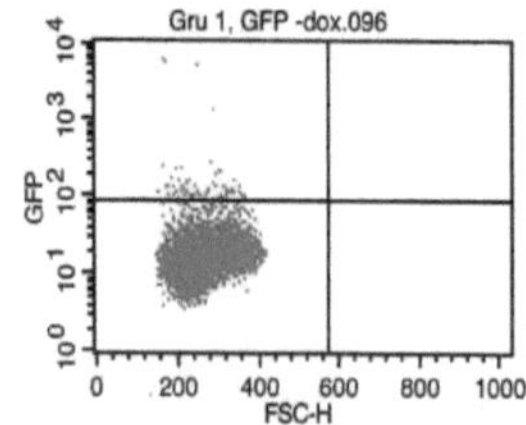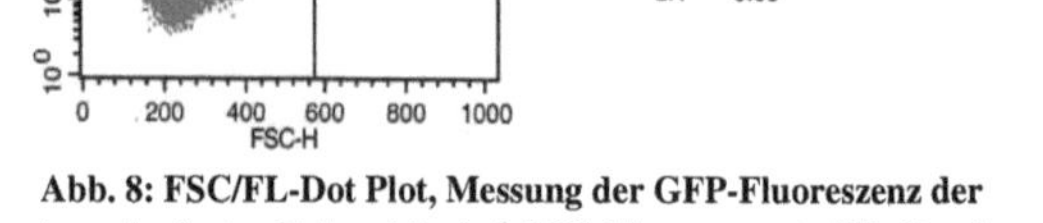

Abb. 7: Gating von transduzierten Zellen (-dox)

Abb. 8: FSC/FL-Dot Plot, Messung der GFP-Fluoreszenz der transduzierten Zellen (-dox): 0,66% Fluoreszenz in UL-Quadrant

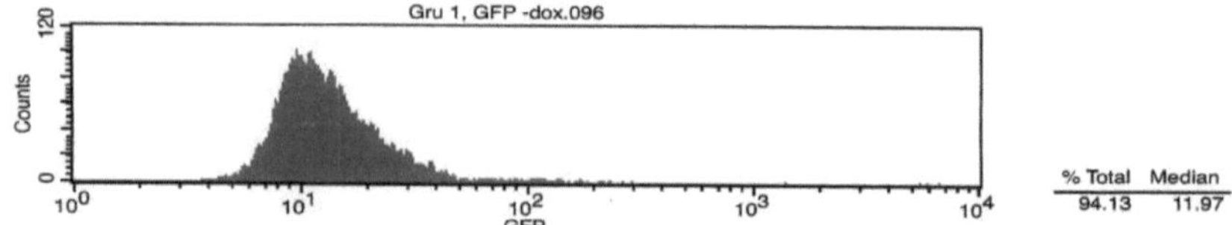

Abb. 9: FL-Histogramm, Zellzahl mit entsprechender GFP-Fluoreszenzintensität (Mittelwert 11,97)

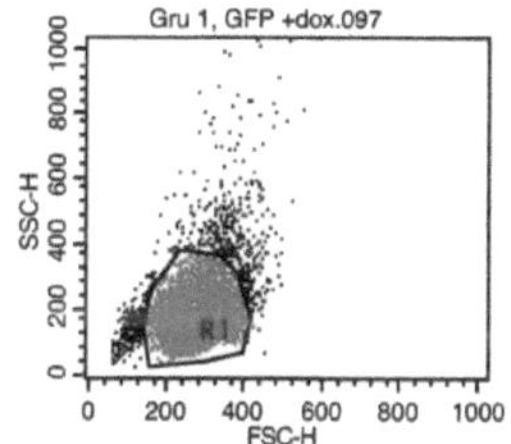

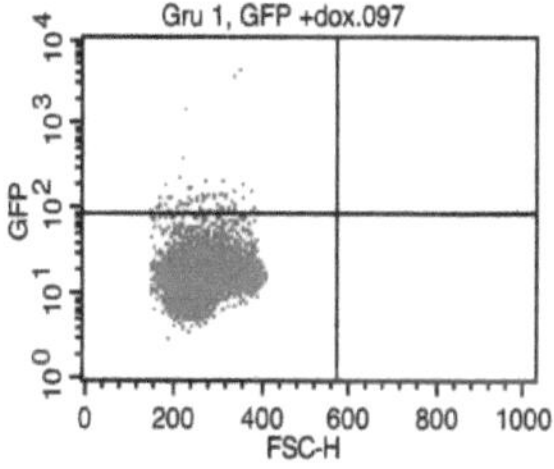

Abb. 10: Gating von transduzierten Zellen (+dox)

Abb. 11: FSC/FL-Dot Plot, Messung der GFP-Fluoreszenz der)

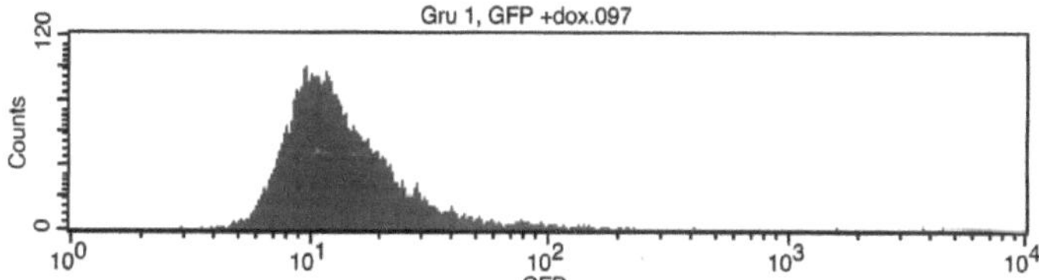

Abb. 12: FL-Histogramm, Zellzahl mit entsprechender GFP-Fluoreszenzintensität (Mittelwert:12,08)

Konfokale Laser Scanning Mikroskopie

Da der Versuch praktisch bei keiner Gruppe im Kurs funktioniert hat, wurden GFP-fluoreszierende CHO-Zellen für Untersuchung im konfokalen Laser Scanning Mikroskop gestellt.

Abb. 13: fluoreszierende CHO-Zellen mit cytosolischem GFP

Diskussion

Die retrovirale Transduktion war nicht erfolgreich: die mit Doxyzyklin induzierte GFP-Fluoreszenz war nicht zu sehen. Der Fehler bei der Versuchsdurchführung war sicher die Inkubation im CO_2-Inkubator: Bei der Transfektion von HEK Zellen war die Farbe des verwendeten Mediums violett (alkalisch) statt rot (sauer), der pH-Wert der HEK Zellen war also ungünstig für ihren Wachstum. Der CO_2-Inkubator war nicht richtig geschlossen, weil die Inkubatorstür nicht gut zuschließen konnte.

<u>cDNA-Produktion aus mRNA von HeLa-Zellen und Klonierung in E.coli</u> (16.-20.Januar)

Versuchsabsicht

cDNA wurde aus isolierter mRNA von HeLa Zellen hergestellt und mittels Taq-Polymerase vermittelte PCR amplifiziert. Mithilfe der von der Taq-Pol produzierte 3'-A-Überhänge im amplifizierten DNA-Fragment und der 3'-T-Überhänge des GEM-T Vektors wurde ein neues Plasmid hergestellt, das später in kompetenten E.coli Bakterien transformiert wurde.

Materialien und Methoden

Bestimmung der Länge der zu produzierenden cDNA-Fragmente

Zweck dieses Schrittes war, die produzierten cDNA-Fragmente in den Gelfotos erkennen zu können. Dazu diente das Such-Werkzeug BLAST vom online DNA-Datenbank NCBI (National Center for Biotechnology Information, http://www.ncbi.nlm.nih.gov). Im Praktikum wurden folgende cDNA-Fragmente hergestellt: GFP, Na/K-ATPase, GAPDH und FGF-2. Mit der Information der flankierenden Sequenzen der jeweiligen cDNAs konnte die Länge bestimmt werden:

GFP-for 5'-ACGTAAACGGCCACAAGTTC-3'
GFP-rev 5'-AAGTCGTGCTGCTTCATGTG-3'
Zugangsnummer: AB281497; Ausgerechnete Fragmentlänge: 182 Nukleotiden.

ATP1A1-for 5'-GACAAGACTTCAGCTACCTGGCTTG-3'
ATP1A1-rev 5'-CATGGAGATGAGCCCAACAAAGCAC-3'
Zugangsnummer: BC003077.2; Ausgerechnete Fragmentlänge: 540 Nukleotiden

GAPDH-for 5'-GGTGAAGGTCGGAGTCAACGG-3'
GAPDH-rev 5'-GAGGGATCTCGCTCCTGGAAG-3'
Zugangsnummer: BC083511; Ausgerechnete Fragmentlänge: 240 Nukleotiden

FGF-2-M1uI-for 5'-CGACGCGTGCC|ACCATGGCAGCCGGG-3'
FGF-2-Stop-PacI-rev 5'-CCTTAATTAATCAGCTCTTAGCAGACATTGGAAGAAAAAG-3'
Zugangsnummer: NM_002006.3; Ausgerechnete Fragmentlänge: 483 Nukleotiden

Isolation von RNA aus HeLa-Zellen

RNA Isolation erfolgte mit dem Qiagen RNA-Isolation-Kit RNeasy® Mini:
1)Nach Entfernen des Kulturmediums von den Petrischalen mit HeLa Zellen (mit ca. 100% Konfluenz, also $\leq 10^6$ Zellen/Petrischale) wurden die Zellen durch Zugabe von 350µl RLT-Puffer in der dichtesten Petrischale lysiert.
2)Der Lysat wurde in einer QIAshredder spin Säule (auf einem 2ml Sammeleppi gestellt) und für 2' bei maximaler Geschwindigkeit (13000rpm) zentrifugiert.
3)Es wurde ein Volumen von 70% Ethanol (also 350µl) zugegeben, und durch Pipettieren gut gemischt. Nicht zentrifugieren.

4)Bis zu 700µl von der Probe (einschließlich Ausfällungen) wurde in einer RNeasy spin Säule, (auf einem 2ml Sammeleppi gestellt). Sorgfältig zudecken und für 15'' bei 10000rpm. Durchgeflossene Flüssigkeit verwerfen.

5)700µl RW1 Puffer wurde zu der RNeasy spin Säule zugegeben. Es wurde sorgfältig zugedeckt, und für 15'' bei 10000rpm zentrifugiert, um die Säulenmembran zu waschen. Durchflossene Flüssigkeit wurde abgenommen.

6)Der RNeasy spin Säule wurde 500µl RPE-Puffer zugegeben. Es wurde sorgfältig zugedeckt, und für 2 Minuten bei 10000rpm zentrifugiert, um die Säulenmembran zu waschen.

7)Die RNeasy spin Säule wurde auf einem neuen 1,5ml Sammeleppi gestellt. 30-50µl RNase-freies Wasser wurde direkt zu der Säulenmembran zugegeben. Es wurde sorgfältig zugedeckt, und für 1' bei 10000rpm zentrifugiert, um die RNA zu eluieren.

Unsere RNA-Ausbeute betrug 727ng/µl (mit NanoDrop-Gerät® gemessen)

Reverse Transkription und PCR

Es wurden 3 Annealingsreaktionen in sterilen Eppendorfgefäßen mit 5µl Endvolumen vorbereitet:

	HeLa-RNA **(mit reverse Transcriptase)**	**HeLa-RNA (neg. Kontrolle)** **(ohne** **reverse** **Transkriptase)**	**Kontrolle-RNA** **(pos. Kontrolle)**
HeLa RNA [1µg] oder Kontrolle-RNA [0,5µg]	1,4 µl	1,4 µl	1 µl
Oligo-dT-Primer [0,5µg]	1 µl	1 µl	1 µl
Aq. dest.	2,6 µl	2,6 µl	3 µl

Tab. 15: Pipettierschema der Annealingsreaktion (1. Teil) für die RT-Reaktion

Die Annealingsreaktionen erfolgte für 5 min bei 70°C, dann wurden die Eppis im Eiswasser (5 min) gestellt, kurz zentrifugiert und wieder auf Eis gestellt. Zu der Annealingsansätze wurde auf Eis folgendes zugegeben:

	HeLa-RNA **(mit rev. Transcriptase)**	**HeLa-RNA** **(negative Kontrolle)**	**Kontrolle -RNA** **(positive Kontrolle)**
MgCl$_2$ (25mM)	4,0 µl	4 µl	4,0 µl
5x Reaktionspuffer (w/o MgCl$_2$), Promega	4,0 µl	4 µl	4,0 µl
dNTPs	2,0 µl	2 µl	2,0 µl
RNase inhibitor	0,5 µl	-	0,5 µl
reverse Transkriptase (RT)	1,0 µl	-	1,0 µl
aq.dest.	3,5 µl	5 µl	3,5 µl
Endvolumen	15 µl	15 µl	15 µl

Tab.16: Pipettierschema der RT-Reaktion

Die Reverse Transkriptase-Reaktionen (RT-Reaktionen) erfolgten bei folgenden Inkubationszeiten: bei 25°C 5min, dann bei 42°C 60min und schließlich bei 70°C 15min. Die Eppi's wurden auf Eis gestellt.

Für die 3 RT-Reaktionen wurden 3 PCR-Reaktionen vorbereitet:

-5 µl cDNA

-1 µl dNTPs (10mM)

-5 µl MgCl$_2$ (25mM)

-5 µl 10x PCR-Puffer

-1 µl Taq-Polymerase

-2 µl Primer 1 (10pmol/µl) [GFP-for-Primer, unsere Gruppe musste GFP-cDNA herstellen]

-2 µl Primer 2 (10pmol/µl) [GFP-rev-Primer]

-29 µl aq. dest. für ein Endvolumen: 50 µl

PCR-Programm (über Nacht):   1) 94°C 4 min
                             2) 94°C 1 min
                             3) 52°C 1 min   ⎤ 30 Zyklen
                             4) 72°C 1,5 min   ⎦
                             5) 72°C 10min
                             6) 4°C

Analyse der RT-PCR Reaktionen und Isolation des cDNA-Fragments

Es wurde eine AGE-Analyse der PCR-Produkte (cDNA-Fragmente) durchgeführt:

PCR-Produkte	5x Probenpuffer [µl]	DNA [µl]	Endvolumen [µl]
HeLa-RNA (mit RT)	2,5	10	12,5
HeLa-RNA (ohne RT)	2,5	10	12,5
Kontrolle-RNA (pos. K.)	2,5	10	12,5
DNA-Marker	2,5	10	12,5

Tab.17: AGE-Analyse der RT-PCR Reaktionen

Nun wurde präparative AGE durchgeführt, und aus dem Gel die Fragmente isoliert:

PCR-Produkte	5x Probenpuffer [µl]	DNA [µl]	Endvolumen [µl]
HeLa-RNA	5	20	25
Kontrolle-RNA (pos. K.)	5	20	25
DNA-Marker	5	20	25

Tab.18: präparatives Agarosegel der PCR-Produkte

Fragmentisolation erfolgte nach dem Qiagen-Protokoll für das Gel Extraction Kit (s.S.12 dieses Protokolls). Das gereinigte cDNA-Fragment wurde also in 30µl eluiert und bei -20°C gelagert.

Ligation des cDNA-Fragments und Transformation von E.coli

Für die 3 isolierten PCR-Fragmente werden Ligationsreaktionen angesetzt:

    a. <u>Aus isolierter HeLa-RNA</u>: 0,5 µl GEM-T Vektor
             1,0 µl T4-DNA-Ligase
             3,5 µl PCR-Fragment
             5,0 µl 2x Ligationspuffer
    b. <u>Negative Kontrolle</u>: statt PCR-Fragment, 3,5 µl aq. dest ss
    c. <u>Positive Kontrolle</u>: statt PCR-Fragment, 1 µl Kontrolle-Fragment (aus pGEM-T kit)

Die Ansätze werden 1h bei Raumtemperatur inkubiert.

Das gesamte Volumen der Ligationsansätze wird für die Transformation der kompetenten E. coli Bakterien (im vorigen Experiment hergestellt) verwendet. Für die Transformation inkl. Ausplattieren wird wie im vorigen Experiment (s.S.14 dieses Protokolls) verfahren. Die Agarplatten wurden nachtsüber bei 37°C inkubiert, und am Samstag bei 4°C gestellt.

Ansetzen von 6 Kulturen für Mini-Prep (pGEM-T-cDNA; cDNA = GFP)

Es wird wie im vorigen Experiment (s.S.15 dieses Protokolls) verfahren: 4ml LB-Medium/Ampicillin für jede geimpfte Übernachtskultur (wird nachtsüber im 37°C Schüttler inkubiert).

Mini-Prep und Restriktionsanalyse (pGEM-T -GFP)

Es werden 6 Mini-Prep für die Übernachtskulturen nach dem Qiagen-Protokoll für Mini-Prep (s.S. 15 dieses Protokolls) vorbereitet.

Für die Restriktionsanalyse werden Restriktionsreaktionen für die 6 Mini-Prep angesetzt (für Erleichterung wurde ein Mastermix aus Puffer, Enzyme und aq. dest. angesetzt, hier nicht aufgeführt):

Probe	DNA [µl]	Aq. Dest. [µl]	10x Restriktionspuffer [µl; (Puffernr.)]	Enzym [µl; units]	Endvolumen [µl]
(6mal) pGEX-GFP [≈0,5 µg] PstI +NcoI	5	3,625	1; (2)	0,125 + 0,25; 2,5U + 2,5U	10

Tab.19: Restriktionsanalyse der Mini-Prep

Daraus wurde die AGE-Analyse mit dem ungeschnittenen GEM-T-eGFP (eigentlich nüztlich nur, wenn es geschnitten vorliegt) und der DNA-Marker als Kontrollen durchgeführt:

Probe	5x Probenpuffer [µl]	Restriktion/ DNA [µl]	Endvolumen [µl]
DNA-Marker (25 ng/µl)	0	10	10
pGEM-T-GFP (nicht verd.)	2,5	10	12,5
(6mal) pGEX-GFP (aus 6 MiniPrep)	2,5	10	12,5

Tab.20: AGE-Analyse der RT-PCR Reaktionen

Ergebnisse

Die Mini-Preps (Spuren 4-9) zeigen helle ca. 3,5kb-Banden, was der Größe des pGEM-T-Vektors entspricht. Das geschnittene GFP-Fragment (182bp) ist in diesem Gelfoto zwar nicht zu sehen, aber es lässt sich mit viel Interpretation und gutem Sehsinn schwach in einer Vergrößerung dieses Gelfotos schwach beobachten (Abb. 15, weißes markiertes Rechteck, die Banden aus Spuren 8 und 9 sind „besser" zu erkennen). Die Bp-Größe dieser Banden entspricht der Länge des GFP-Fragments, die mit der DNA-Datenbank bestimmt wurde.

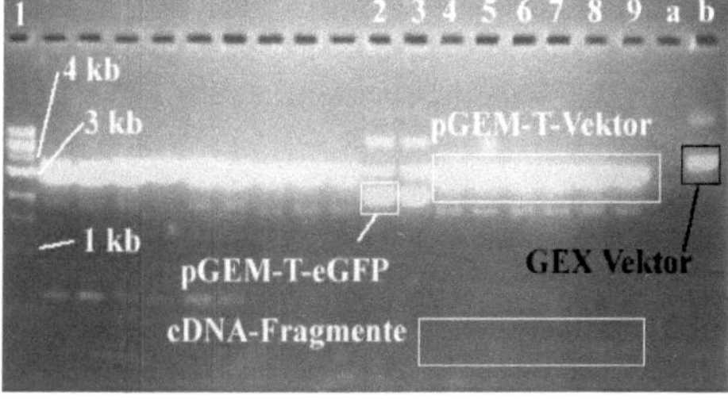

Abb. 14: Gelanalyse von GEX-Vektor und eGFP-Fragment.

Spur 1 — DNA-Marker

Spur 2 & 3 — Ungeschnittenes pGEM-T-GFP

Spur 4-9 — Verdautes pGEX-GFP aus Mini-Prep

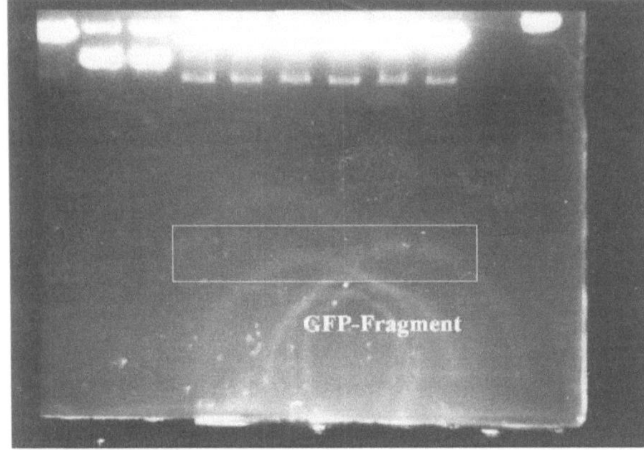

Abb. 15: Vergrößerung von Abb. 14, Banden vom GFP-Fragment werden „besser" erkannt.

Transformationsansätze: Die negativen Kontrollen zeigen insgesamt 5 Kolonien, bei anderen Gruppen sind auch Kolonien in dem Größenbereich zu finden. Die positive Kontrolle zeigt 23 Kolonien und 17 Kolonien wurden aus der Ligationsreaktion von cDNA und Vektor gezählt.

Diskussion

Das Experiment ist erfolgreich abgelaufen, leider sind die GFP-Fragmente im letzten Gelfoto nicht deutlich zu erkennen, kleine DNA-Fragmente haben im Agarosegel schwache Banden. Ein ungeschnittenes pGEM-T Plasmid (Spur 2 & 3) ist nicht nützlich als Kontrolle, da es zirkulär vorliegt und ein anderes Wanderverhalten als linearisiertes Plasmid zeigt.

RNA-Interferenz mittels siRNA in HeLa-Zellen (21.-24.Januar)

Versuchsabsicht

Das Gen FGF-2-GFP der HeLa-Zellen aus dem vorigen Experiment (Zelllinie mit Genexpression von FGF-2-GFP) wurden mittels RNA-Interferenz ausgeschaltet (Gene-Knockdown).

Materialien und Methoden

HeLa Zellen wurden mit spezifischen siRNAs und Oligofectamin (vermittelt Lipofektion, d.h. es bildet Vesikel, die die siRNAs enthält, die mit der Zellmembran verschmilzt) behandelt. Nachdem die behandelten RNA isoliert und aus ihnen cDNA produziert wurde, wurde die cDNA mit RT-PCR ampfliziert und die PCR-Produkte mittels Agarosegelelektrophorese analysiert.

Transfektion von siRNA in HeLa Zellen

Das Kulturzellenvolumen einer Petrischale enthält 500µl, die Stocklösungskonzentration von siRNA beträgt 25µM, es muss eine Endkonzentration von 250nM erreicht werden. Daher werden 5µl siRNA-Stocklösung angesetzt:

1)5µl GFP-siRNA (für unsere Gruppe) in 40µl OPTI-MEM Medium verdünnen (siRNAs & Oligofectamin auf Eis halten).

2)3µl Oligofectamin in 12µl OPTI-MEM verdünnen,
3)Lösung 1) und 2) für 5' bei RT (=Raumtemperatur) inkubieren
4)Lösung 1) mit 2) mischen, und für 20' bei RT weiter inkubieren.
5)Während der Inkubationszeit Wachstumsmedium von den Zellen (mit ca. 50%-Konfluenz) abnehmen und mit 440µl OPTI-MEM Medium ersetzen.
6)siRNA/Olifectamin-Mischung der Zellen zugeben.
7)500µl OPTI-MEM zugeben und durch Schütteln der Petrischalen in Achterform sorgfältig mischen.
8)4-6 Stunden bei 37°C inkubiert, dann wurde auf normalem Wachstumsmedium (DMEM), das 2µg/ml Dox enthielt, gewechselt und dann bei 37°C weiter inkubiert.

Eine Kontrolle für die Transfektion („-siRNA") wurde ohne Zugabe von siRNA behandelt.
Zellen werden 2 Tage nach Transfektion analysiert.

Semi-quantitative RT-PCR Analyse der mit siRNA behandelten HeLa-RNA

Für die RT-PCR Analyse wurde die gleiche Prozedur wie im Experiment „cDNA-Produktion aus mRNA von HeLa-Zellen und Klonierung in E.coli" (Versuch 5) angewandt: cDNA-Produktion, RT-Reaktion, PCR-Reaktion und AGE-Analyse im Agarosegel.

Für die *cDNA-Produktion* wurde die behandelte HeLa-RNA (Ansatz „+siRNA") und die Kontrolle (Ansatz „-siRNA") isoliert. Erwartete RNA-Ausbeute war 3µg in 15µl-Eluat. Man erhielt eine Konzentration von 265ng/µl für Ansatz „+siRNA" und 356ng/µl für „-siRNA". Daher Abweichungen für das angesetzte Volumen von HeLa-RNA.

Es wurden 4 Annealingsreaktionen in sterilen Eppendorfgefäßen mit 5µl Endvolumen vorbereitet, 2 mit den GFP-Primers für Herstellung des GFP-cDNA-Fragmentes, und 2 mit den ATPase-Primers für Herstellung des ATPase-cDNA-Fragments:

	HeLa-RNA (GFP-Fragment)		**HeLa-RNA (ATPase-Fragment)**	
	+siRNA	**-siRNA**	**+siRNA**	**-siRNA**
HeLa RNA [1µg]	3,8 µl	2,9 µl	3,8 µl	2,9 µl
Oligo-dT-Primer [0,5µg]	1 µl	1 µl	1 µl	1 µl
Aq. dest.	0,2 µl	1,1 µl	0,2 µl	1,1 µl

Tab.21: Pipettierschema der 4 Annealingsreaktionen für die RT-Reaktion behandelter HeLa-RNAs

Für den Rest der Annealingsreaktionen (die *RT-Reaktionen*) und die *PCR-Reaktionen* wurden die gleichen Volumina wie im o.g. Versuch angesetzt. Abweichung bei der PCR-Reaktion war die Anzahl der Zyklen: 25 Zyklen statt 30.

AGE-Analyse der RT-PCR-Produkte
Das gesamte Volumen (50µl) der RT-PCR-Reaktionen wurde für die AGE-Analyse im Agarosegel verwendet. Pipettierschema:

PCR-Produkt	**5x Probenpuffer [µl]**	**DNA [µl]**	**Endvolumen [µl]**
Alle 4 Ansätze	12,5	50	62,5

Tab.22: Analyse im Gel der RT-PCR Produkte

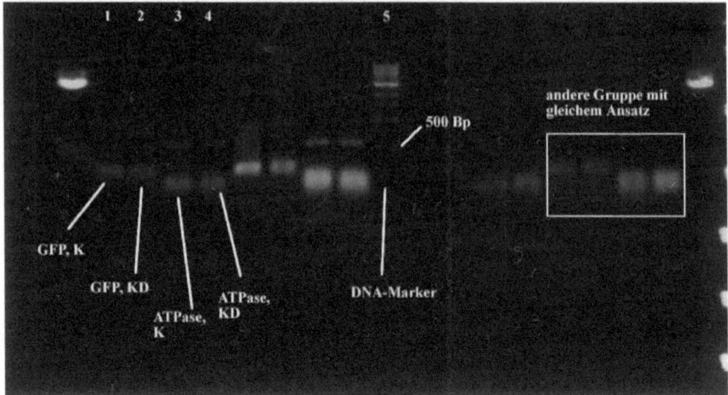

Abb. 16: RT-PCR-Analyse der RNA-Interferenz. K=Kontrolle (+siRNA), KD=Knockdown (-siRNA)

Unterschiede zwischen den Banden (stehen wie erwartet unter der 500Bp-Bande des DNA-Markers) der 4 AGE-Ansätze (Spur 1-4) sind kaum zu erkennen, im mittleren Bereich der Bande bei „GFP, KD" (wo siRNA interferiert hat) ist die Bande schwächer (schwarzer) als die „GFP, K"-Ansatz ohne siRNA-Interferenz. Banden vom Ansatz „ATPase, K" und „ATPase, KD" haben die gleiche Intensität.

Diskussion

Die beobachten Ergebnisse im Gelfoto sind erfolgreich. Eine schwächere Bande bei dem Ansatz „GFP, KD" im Vergleich zu „GFP, K" war erwartet, da die GFP-siRNA bei der Bildung des PCR-Produktes mit GFP-Primers interferiert hat. Die GFP-siRNA hat bei den PCR-Produkten mit ATPase-Primers keine Wirkung, da GFP-siRNA unspezifisch für das ATPase-Gen ist und sich nicht an die Nukleotiden des ATPase-Gens anlagert. Daher war keinen Unterschied in den Ansätzen mit ATPase-Primers erwartet. Um die Intensität der Banden zu erhöhen und ein deutlicheres Ergebnis zu erhalten, kann man die Anzahl der Zyklen bei der PCR-Reaktion erhöht werden.

Anhang

Puffer und Lösungen (für die Vollständigkeit, aus dem Skript auf Englisch)

5 g yeast extract
5 g NaCl
autoclave

LB agar:
1 liter: 10 g peptone (tryptone)
5 g yeast extract
5 g NaCl
16g agar
Autoclave

Ampicillin (100 mg/ml):
Dissolve in sterile water, filtrate with 0,22 µm filter store at -20°C

5x DNA-sample buffer:
0.25 % bromphenol blue
0,25 % xylene cyanol
40 % (w/v) saccharose in sterile water, store at 4°C

1 % agarose gel:
Prepare 400 ml (per group):
a.) Add 1% agarose in an Erlenmeyer flask and fill up to 400 ml with 1xTBE.
b.) Boil up in the microwave oven until agarose has dissolved completely, (shake in between), let cool down to 50-60°C.
c.) Add 20 µl Ethidiumbromid (10 mg/ml) (**Caution: MUTAGENIC!**)
d.) Insert the combs in the gel chamber, pour in the warm agarose (avoid air bubbles!)
e.) If not used immediately, put the gel in its chamber in a plastic bag and store at 4°C.

PBS:
0,8 % (w/v) NaCl
0,02 % (w/v) KCl
0,115 % (w/v) Na2HPO4
0,02 % (w/v) KHPO4 store at 4°C

Trypsin solution:
0,05 % (w/v) Na2-EDTA
0,125 % (w/v) trypsin in PBS, store at 4°C

Media and solutions for retroviral transduction

Chloroquine stock solution: 25mM in PBS (aliquots at −20°C, thaw only once).

DEAE dextran stock solution: 10mg/ml in sterile water (store at −20°C).

DMEM growth medium: DMEM suppl. with 10% FCS, 100 U/ml penicillin, 100 U/ml streptomycin, 2 mM L-glutamine (store at 4°C).

Growth medium suppl. with chloroquine: contains 25µM chloroquine.

MBS-medium: DMEM suppl. with 7% MBS (modified bovine serum) and 25µM chloroquine (MBS is stored in aliquots at −20°C).

Growth medium for CHO cells: αMEM suppl. with 10% FCS, 100 U/ml penicillin, 100 U/ml streptomycin, 2 mM L-glutamine (store at 4°C).